한때 우주의 중심이었다가
변두리로 쫓겨난 우리의 지구.
그렇다면 우주의 진짜 중심은 어디일까요?
우주는 언제 태어났고, 어떤 변화를 겪었을까요?

나의 첫 과학책 11

우주의 비밀을 풀다
빅뱅

박병철 글 | 이주미 그림

휴먼 어린이

"반짝반짝 작은 별, 아름답게 비치네."
이 노래, 분명히 유치원에서 배운 노래지요?
그런데 여러분은 아름답게 비치는 별을 진짜로 본 적이 있나요?
어두운 밤에 하늘을 올려다보면 정말로 별이 반짝이던가요?
아마 아닐 겁니다. 작은 별은커녕, 큰 별도 잘 보이지 않습니다.
옛날에는 날씨가 맑을 때면 헤아릴 수 없을 정도로 많은 별들이 반짝였는데,
요즘은 공기가 탁해서 볼 수 없게 되었습니다. 참으로 안타까운 일이지요.
하지만 지금도 한적한 시골에 가면 별빛으로 가득 찬 밤하늘을 볼 수 있답니다.

과학이 처음으로 싹텄던 2500년 전에도
매일 밤마다 하늘에서는 별들의 잔치가 벌어졌습니다.
그런데 그 모든 별들은 한자리에 가만히 있지 않고
한결같이 동쪽 하늘에서 떠서 서쪽 하늘로 사라졌지요.
그래서 사람들은 모든 별이 크고 둥그런 하늘 껍질에 보석처럼 박혀 있고,
그 하늘 껍질이 통째로 돌고 있다고 믿었습니다.
그러니까 지구는 마치 왕처럼 우주의 중심에 앉아서 꼼짝도 안 하고
태양과 달과 모든 별들이 부하처럼 지구 주변을 돈다고 생각한 거지요.

구름을 물끄러미 바라보고 있으면 자꾸 어떤 모양이 떠오르지요?
이 구름은 강아지를 닮았고, 저 구름은 자동차처럼 생겼고…….
옛날 사람들도 별을 보면서 그런 생각을 했답니다.
북쪽 하늘에 모여 있는 별들은 커다란 곰과 비슷하고,
동쪽 하늘에 뜬 별들은 아름다운 공주님을 닮았다고 생각했지요.
그래서 그들은 큰곰자리, 안드로메다자리, 오리온자리, 전갈자리 등등
별을 몇 개씩 모아서 **별자리**를 만들고 이름을 붙여 주었습니다.
그리고 별자리마다 거기에 얽힌 재미있는 이야기를 만들어 냈지요.

모든 별들은 뜨고 지는 방향이 항상 같기 때문에
먼 길을 여행하는 사람들에게 믿음직한 길잡이가 되어 주었습니다.
또 달력이 없던 시대에는 계절에 따라 별자리의 종류가 달라지는 것을 보고
논밭에 씨를 뿌리는 날과 추수하는 날을 결정하기도 했지요.
이처럼 옛날 사람들에게 별은 아주 소중하고 고마운 존재였답니다.

1600년대 초에 망원경이 발명되면서
별을 대하는 사람들의 마음은 커다란 변화를 겪게 됩니다.
'하늘에 흐르는 강'이라고 생각했던 은하수를 망원경으로 봤더니
강이 아니라 수천, 수만 개의 작은 별들로 이루어져 있었습니다.

그리고 지구가 우주의 중심이라면 금성의 크기가 항상 똑같아야 하는데
망원경으로 본 금성은 커졌다 작아지기를 반복하고 있었습니다.
지구와 금성이 모두 움직이면서 거리가 매일 조금씩 달라졌기 때문이지요.

사람들은 썩 내키지 않았지만
우주의 중심은 지구가 아니라 태양이라는 것을
인정할 수밖에 없었습니다.
갈릴레이가 종교 재판을 받은 것도 이 무렵이었지요.
별이 매일 뜨고 지는 것은 지구가 팽이처럼 자전하기 때문이고,
계절마다 별자리가 바뀌는 것은
지구가 태양 주변을 돌고 있기 때문이었습니다.
수천 년 동안 우주의 왕으로 대접받아 왔던 지구가
갑자기 '태양의 부하'로 쫓겨난 것입니다.

난 인정 못 해!
태양이 먼데
왕이라는 거야?
뜨거우면 다야?

그래도 형은
부하잖아요.
난 부하의 부하가
됐다고요.

← 지구

← 달

그 후로 망원경의 성능이 점점 좋아지면서
지구와 가까이 있는 행성들의 모습이 더욱 자세하게 드러났습니다.
태양과 제일 가까워서 제일 뜨거운 **수성**,
커졌다 작아졌다 하면서 지구를 왕에서 쫓아낸 **금성**,
왕에서 쫓겨났지만 그래도 우리의 고향 행성인 **지구**,

금성

수성

지구

화성

지구와 너무 비슷하게 생겨서 한때 외계인이 산다고 믿었던 **화성**,
몸집이 지구보다 천 배 이상 큰 **목성**,
반지처럼 생긴 아름다운 고리로 에워싸인 **토성**,
1700년대 사람들은 이들이 태양계˚의 전부라고 생각했습니다.

해왕성

난 1846년에야
발견돼.

천왕성

우리는
아직인가 봐.

목성

토성

● **태양계**   태양과 그 주변을 도는 행성들을 모두 합해서 부르는 이름.

1781년, 영국의 천문학자 윌리엄 허셜은 태양계 바깥에 있는 별들을 망원경으로 관측하다가 토성보다 훨씬 먼 곳에서 **천왕성**이라는 새로운 행성을 발견했습니다. 그 전까지만 해도 사람들은 토성이 제일 먼 행성이라고 생각했는데, 천왕성이 발견되면서 태양계가 몇 배나 커진 것입니다. 그렇다면 별들은 대체 얼마나 멀리 있는 것일까요? 알면 알수록 커지는 우주, 사람들은 그 끝이 정말 궁금했습니다.

1838년, 프리드리히 베셀이라는 독일의 천문학자가
백조자리의 별들 중 백조-61이라는 별 하나를 골라 열심히 관측한 끝에
드디어 이 별까지의 거리를 알아내는 데 성공했습니다.
그런데 생각했던 것보다 거리가 너무 멀어서
처음에는 망원경이 고장 난 줄 알았다고 합니다.

그 거리는 무려 100000000000000(100조)킬로미터였습니다.
엄청 멀다는 건 알겠는데, 0이 너무 많아서 읽기가 불편하지요?
그래서 천문학자들은 빛이 1년 동안 가는 거리를 **1광년**으로 정하고
별까지의 거리를 '~광년'이라는 식으로 표현한답니다.
1광년은 약 10조 킬로미터니까 지구에서 백조-61까지의 거리는 10광년입니다.
지구와 태양 사이 거리의 70만 배나 됩니다. 정말 멀지요?
하지만 이 정도는 '바로 옆집에 사는 이웃'에 불과했습니다.

그 후로 천문학자들은 더 좋은 망원경을 만들기 위해 열심히 노력했고,
망원경이 좋아질수록 우주는 계속해서 커져만 갔습니다.
우리 태양계가 속한 은하(별들의 집단)를 **은하수**라고 하는데
폭은 거의 10만 광년이나 되고
그 안에는 태양과 비슷한 별들이 3000억 개나 모여 있었지요.
게다가 우리의 태양은 그다지 큰 별도 아니고
은하수의 중심에 있지도 않았습니다.
한마디로 태양은 '별 볼 일 없는 별'이었던 거지요.

은하수를 위에서 내려다보면 바람개비처럼 생겼습니다.
모양만 그런 게 아니라, 실제로 빙글빙글 돌고 있지요.
한 바퀴 도는 데 2억 5000만 년쯤 걸리니까,
그 옛날 시베리아의 화산이 폭발해서 지구 생명체가
거의 멸종한 후로 지금까지 간신히 한 바퀴를 돈 셈입니다.
1900년대 초 과학자들은 은하수의 크기에 혀를 내두르면서
은하수야말로 우주의 전부라고 생각했습니다.
하지만 그것은 엄청난 착각이었지요.

뭐야?
태양도 왕이 아니라
변두리 졸병이었던 거야?

그럼 난
부하의 부하의
부하네…….

과학의 각 분야에는
뛰어난 업적을 남긴 위인이 있습니다.
물리학은 뉴턴과 아인슈타인,
생물학은 다윈, 발명은 에디슨…….
우주를 연구하는 천문학에도
이런 위인이 있는데, 참 특이한 사람이었지요.
미국에서 태어난 그는 고등학교에
다닐 때부터 축구, 야구, 농구, 육상,
권투 등등 못 하는 운동이 없었습니다.
그냥 잘하는 정도가 아니라,
대회에 나가서 우승을
밥 먹듯이 하는 정도였지요.

고등학교를 졸업한 그는
영국의 옥스퍼드 대학교에서 법을 공부했습니다.
그러나 어린 시절부터 공상 과학 소설을 읽으면서
우주에 흠뻑 빠졌던 그는 결국 변호사가 되는 것을 포기하고
미국으로 돌아와 시카고 대학교에 다시 입학해서 천문학을 공부했습니다.
그러고는 전 세계를 발칵 뒤집어 놓을 위대한 발견을 하게 되지요.
우리에게 '우주'라는 단어를 처음부터 다시 생각하게 만든 최고의 천문학자,
그의 이름은 **에드윈 허블**이었습니다.

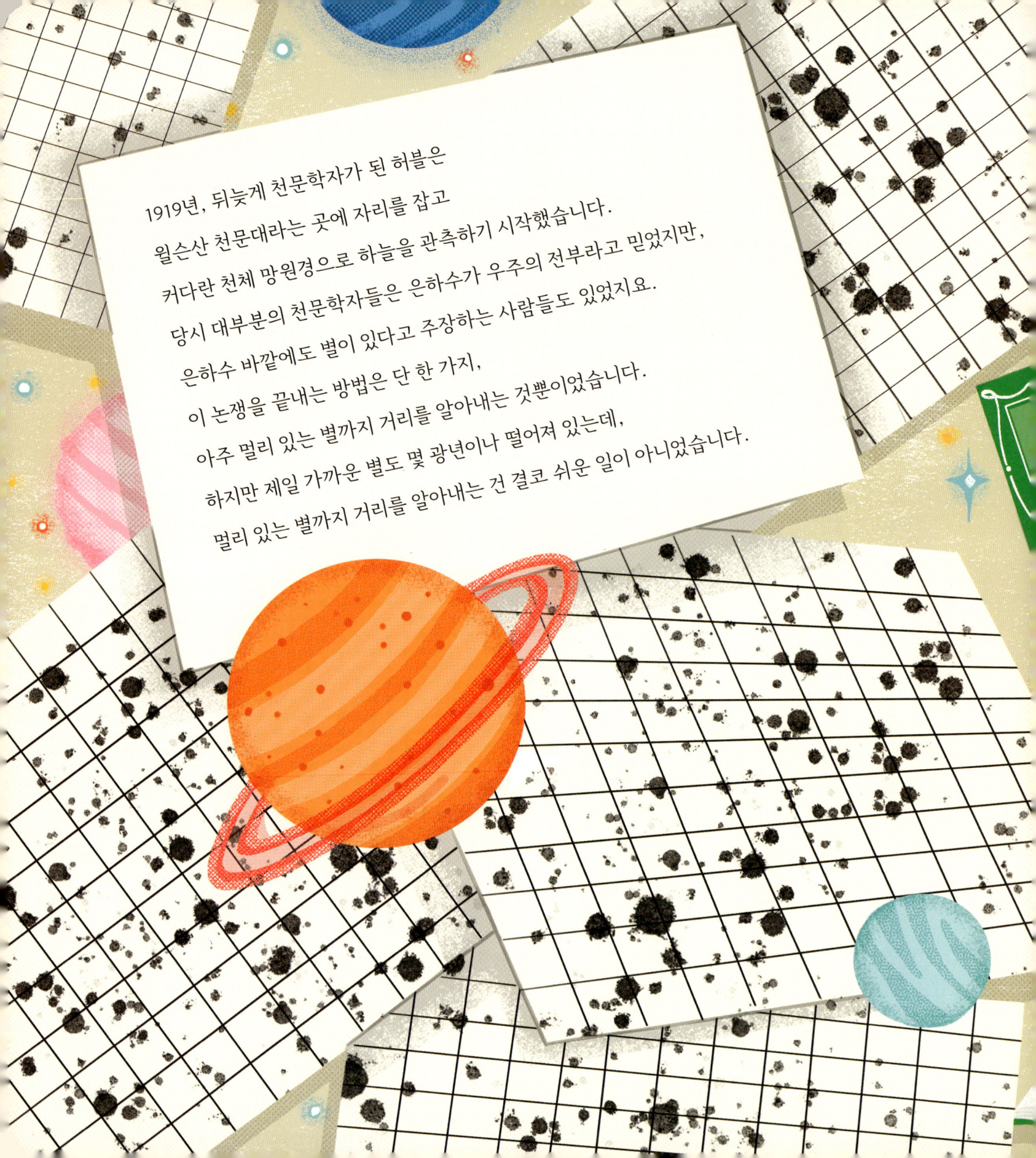

1919년, 뒤늦게 천문학자가 된 허블은
윌슨산 천문대라는 곳에 자리를 잡고
커다란 천체 망원경으로 하늘을 관측하기 시작했습니다.
당시 대부분의 천문학자들은 은하수가 우주의 전부라고 믿었지만,
은하수 바깥에도 별이 있다고 주장하는 사람들도 있었지요.
이 논쟁을 끝내는 방법은 단 한 가지,
아주 멀리 있는 별까지 거리를 알아내는 것뿐이었습니다.
하지만 제일 가까운 별도 몇 광년이나 떨어져 있는데,
멀리 있는 별까지 거리를 알아내는 건 결코 쉬운 일이 아니었습니다.

그 무렵 천문대에서 허블의 일을 돕던 사람들 중에
헨리에타 리비트라는 연구원이 있었습니다.
그녀가 하는 일은 허블이 망원경으로 찍은 천체 사진을 펼쳐 놓고
별의 밝기를 일일이 눈으로 확인하여 기록하는 것이었지요.
그러던 어느 날, 리비트는 신기한 별을 발견했습니다.
대부분의 별은 밝기가 항상 똑같은데,
일정한 간격으로 **밝아졌다가 어두워졌다** 하는 별이
눈에 뜨인 겁니다.

리비트는 밝기가 규칙적으로 변하는 별들을 따로 모아서 분석하다가 더욱 놀라운 사실을 알아냈습니다.
원래 밝은 별일수록 밝기가 변하는 데 걸리는 시간이 길었던 것입니다.
그러니까 하늘에서 밝기가 변하는 별을 찾아서 얼마나 밝은지 확인한 후 어두워졌다가 밝아질 때까지 걸리는 시간을 재면
그 별까지 거리를 알 수 있습니다. 정말 대단한 발견이었지요.
천문학자들은 이런 별에 **변광성**이라는 이름을 붙여 주었습니다.

리비트는 이 사실을 허블에게 알려 주었고
그때부터 허블은 새로운 변광성을 찾아 하늘을 샅샅이 뒤지기 시작했습니다.
그리고 얼마 후 안드로메다 성운에서 드디어 변광성을 발견했지요.
그는 부들부들 떨리는 손으로 몇 가지 계산을 한 후
다음과 같은 결론을 내렸습니다.

● **성운** 구름 모양으로 퍼져 보이는 천체.

안드로메다 성운은
이곳에서 250만 광년 떨어진 곳에 있다.
그런데 은하수의 크기는 기껏해야
10만 광년이므로 안드로메다 성운은
우리 은하수에 속한 별이 아니라,
은하수와 크기가 비슷한
또 다른 은하이다!

그렇습니다. 우리의 은하수는 우주의 전부가 아니었습니다.
전부는커녕, 우주에 떠 있는 수많은 은하들 중 하나일 뿐이었지요.
이 사실이 알려지자 사람들은 큰 충격에 빠졌습니다.
게다가 그 후로 다른 은하들이 연달아 발견되면서
우주의 크기는 또다시 엄청나게 커졌지요.

쟤네들이 다 은하였어?
참 많기도 하다.

엉엉, 이젠 더 쫓겨날 곳도 없어!

현재 천문학자들의 계산에 따르면
우주에는 은하가 2000000000000(2조)개쯤 있다고 합니다.
은하 한 개 안에 수천억 개의 별이 모여 있는데,
그런 은하가 무려 2조 개라니, 기가 차서 말도 안 나옵니다.
그런데 이렇게 큰 우주는 언제, 어떻게 태어났을까요?
그리고 그 많은 별과 은하들은 어떻게 생겨난 것일까요?
이 질문의 중요한 실마리를 찾은 사람도
천문학의 슈퍼스타, 에드윈 허블이었습니다.

별들이 나한테서 죄다 도망가고 있다고? 쫓겨난 것도 서러운데, 내가 왕따였단 말이야?

허블은 각 은하마다 변광성을 찾아서 거리를 계산하다가
또다시 이상한 현상을 발견했습니다.
놀랍게도 모든 별과 은하들이 지구로부터 멀어지고 있었던 것입니다!
지구가 우주의 중심이 아니라는 건 이미 옛날에 알려진 사실인데,
모든 별과 은하들은 왜 하필 지구를 중심으로 멀어지고 있는 걸까요?

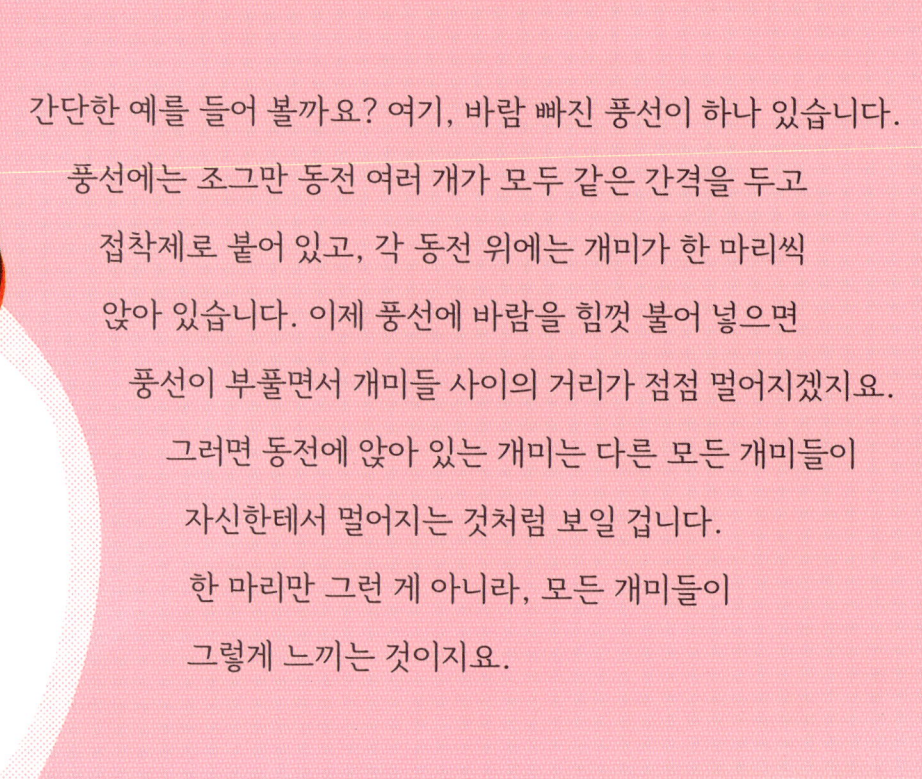

간단한 예를 들어 볼까요? 여기, 바람 빠진 풍선이 하나 있습니다.
풍선에는 조그만 동전 여러 개가 모두 같은 간격을 두고
접착제로 붙어 있고, 각 동전 위에는 개미가 한 마리씩
앉아 있습니다. 이제 풍선에 바람을 힘껏 불어 넣으면
풍선이 부풀면서 개미들 사이의 거리가 점점 멀어지겠지요.
그러면 동전에 앉아 있는 개미는 다른 모든 개미들이
자신한테서 멀어지는 것처럼 보일 겁니다.
한 마리만 그런 게 아니라, 모든 개미들이
그렇게 느끼는 것이지요.

그렇습니다. 별과 은하들이
지구로부터 멀어지는 것처럼 보인 이유는
그들이 지구를 싫어해서가 아니라
우주 자체가 풍선처럼 커지고 있기 때문이었습니다.
만일 우주 먼 곳의 다른 행성에 외계인이 살고 있다면,
그들에게도 모든 별과 은하들이 자신으로부터
다 같이 멀어지는 것처럼 보일 것입니다.
이것이 바로 허블이 발견한 **우주 팽창설**이지요.

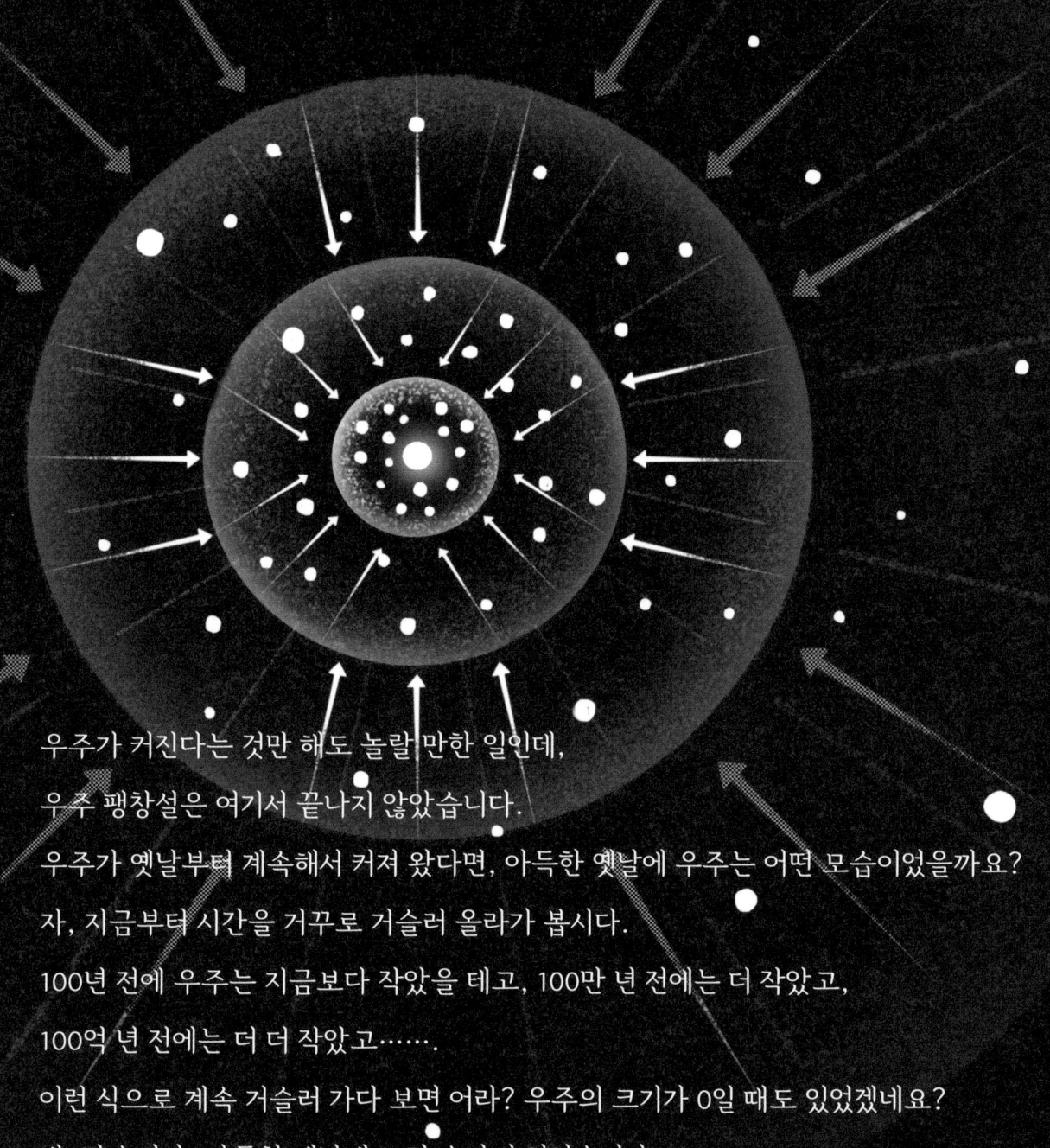

우주가 커진다는 것만 해도 놀랄 만한 일인데,
우주 팽창설은 여기서 끝나지 않았습니다.
우주가 옛날부터 계속해서 커져 왔다면, 아득한 옛날에 우주는 어떤 모습이었을까요?
자, 지금부터 시간을 거꾸로 거슬러 올라가 봅시다.
100년 전에 우주는 지금보다 작았을 테고, 100만 년 전에는 더 작았고,
100억 년 전에는 더 더 작았고…….
이런 식으로 계속 거슬러 가다 보면 어라? 우주의 크기가 0일 때도 있었겠네요?
네, 맞습니다. 아득한 옛날에 그런 순간이 있었습니다.

우주는 처음에 아주 작은 알갱이로 시작해서
점점 커지다가 지금처럼 어마어마한 크기로 자란 것입니다.
그런데 처음부터 똑같은 빠르기로 커진 것이 아니라,
처음에 작은 알갱이가 무지막지한 폭발을 일으키면서
단 몇 초 만에 엄청나게 커졌다가, 그 후로는 천천히 커져 왔습니다.
이 초대형 폭발 사건을 **빅뱅**이라고 하지요.

빅뱅이 일어나기 전에는 무엇이 있었냐고요? 그건 아무도 모릅니다.
그저 우주가 빅뱅에서 탄생했다는 사실만 알고 있을 뿐이지요.

지금으로부터 약 138억 년 전,
좁쌀 한 톨보다 작은 알갱이가
거대한 폭발을 일으켰고
우주는 엄청나게 빠른 속도로 커지기 시작했습니다.
이때 그 안에 들어 있던 온갖 물질들이 사방으로 흩어졌다가
얼마 후 중력으로 다시 뭉쳐서 별과 은하
그리고 행성이 탄생했습니다.

그런데 별은 빛을 발하면서 사람처럼 나이를 먹고,
더 이상 빛을 발하지 못하면 큰 폭발을 일으킨 후 죽은 별이 됩니다.
그 후 죽은 별에서 흩어진 조각들이 다시 모여 아들딸 별이 되고,
그 별들이 다시 나이가 들어 폭발하면
그 조각들이 다시 모여서 손자, 손녀 별이 되지요.
지금 하늘에서 빛나는 우리의 태양은 손자 또는 손녀 별이랍니다.
우주가 탄생한 후 138억 년 동안 3대가 지난 셈이지요.
아들딸이 많으면 그중에 유별난 아이들도 있는 것처럼,
우주에는 신기하고 유별난 별들이 많이 있답니다.

우리의 태양은 몸집이 비교적 작은 편이어서
100억 년쯤 타고 나면 그저 그런 폭발을 일으키고 죽은 별이 됩니다.
지금 태양의 나이가 50억 살쯤 됐으니까 앞으로 50억 년은 더 살겠네요.
하지만 몸집이 큰 별은 수명이 다 되었을 때 엄청난 폭발을 일으키는데,
이때 방출되는 빛은 은하 전체를 모두 합한 것만큼 강렬하지요.
이런 별을 초신성(슈퍼노바)이라고 합니다.

그런데 이들보다 몸집이 더 큰 별은 초신성 폭발을 일으킨 후에도

가운데 부분이 끝까지 살아남습니다.

이런 별은 중력이 너무 강해서 주변의 모든 것을 빨아들이지요.

중력이 어찌나 강한지, 빛조차도 빠져나올 수 없답니다.

빛이 나오지 못하는 별을 바깥에서 보면 당연히 검게 보이겠지요?

그래서 이런 괴물 같은 별을 **블랙홀**이라고 한답니다. '검은 구멍'이라는 뜻이지요.

우리 은하의 중심에 엄청나게 큰 블랙홀이 있다고 하는데

지구와 태양은 은하의 중심에서 멀리 떨어져 있다니,

그나마 다행이지요.

빅뱅은 왜 일어났을까요? 정말 어려운 질문입니다.
과학자들은 그 궁금증을 풀기 위해 이런저런 궁리를 하다가
참으로 신기한 답을 내놓았습니다. 빅뱅이 한 번만 일어난 게 아니라
이곳저곳에서 마구 일어났다는 거지요.
그렇다면 우주는 한 개가 아니라 여러 개이고
우리의 우주는 그 많은 우주들 중 하나라는 건데, 정말 그럴까요?
당장은 확인할 길이 없습니다. 다른 우주를 볼 수가 없으니까요.
우주는 정말로 크고 신비하지만, 우리의 상상력도 그에 못지않게 강력하니까
언젠가는 올바른 답을 찾을 수 있을 겁니다.

이건 또 웬 날벼락이야. 우주가 또 있다고?

너무 실망하지 마세요. 왕이 아니어도 얼마든지 훌륭한 일을 할 수 있답니다.

참, 마지막으로 한 가지 짚고 넘어갈 것이 있습니다.
에드윈 허블이 새로운 은하를 발견하고 우주 팽창설을 주장할 수 있었던 데에는
변광성의 특성을 알아낸 헨리에타 리비트의 공이 아주 컸습니다.
하지만 그 시대에 여자는 망원경을 만질 수조차 없었기 때문에
엄청난 공을 세우고도 허블의 명성에 묻혀 버렸지요.
나중에 사람들이 리비트의 공로를 깨닫고 뒤늦게 상을 주려고 했지만
안타깝게도 그녀는 우주 팽창설이 발표되기 전인 1921년에 병으로
세상을 떠나고 말았습니다. 이 책을 읽고 에드윈 허블이 기억에 남는다면,
헨리에타 리비트라는 이름도 함께 기억해 주세요.

 나의 첫 과학 클릭!

별빛 타임머신

빛의 속도는 아주 빠릅니다. 자동차는 1초에 약 20미터,
제트 비행기는 약 300미터를 가는데, 빛은 1초에 30만 킬로미터나 날아갈 수 있지요.
달빛이 지구에 도달하는 데에는 1.3초가 걸리고, 태양빛이 지구까지 오려면 8분 20초가 걸립니다.
그러니까 지금 우리 눈에 보이는 태양은 지금의 모습이 아니라 8분 20초 전의 모습입니다.
망원경으로 별을 볼 수 있는 것도 별빛이 먼 길을 날아와 망원경 렌즈에 도달했기 때문입니다.
그러니까 망원경으로 보이는 별도 지금의 모습이 아니라 과거의 모습인 거지요.
태양 다음으로 지구에서 가장 가까운 별은 4광년 거리에 있습니다. 빛의 속도로 날아갈 때
4년 걸린다는 뜻이지요. 그러니까 지금 우리가 바라보는 이 별은 4년 전의 모습입니다.

태양계에서 가장 가까운 별들인 켄타우루스자리

지구에서 볼 수 있는 은하수

또 안드로메다은하는 250만 광년 떨어져 있으니까 250만 년 전,

즉 두 발로 걷는 인류의 조상이 지구에 처음 등장했을 때

안드로메다은하에서 방출된 빛이 이제야 지구에 도달한 거지요.

심지어 1억 광년 거리에서 반짝이는 별빛은 지구에 공룡이 살아 있던 시대에 방출된 빛입니다.

그러니까 이 별이 지금도 멀쩡하게 잘 있는지, 아니면 그사이에 폭발해서 사라졌는지 알 수 없지요.

밤하늘에 떠 있는 별들은 거리가 제각각이어서

우리는 각 별마다 다른 시대의 모습을 보고 있는 것입니다.

과거를 보려면 아직 발명되지도 않은 타임머신을 타고 과거로 가야 한다는데,

우리는 별들의 과거 모습을 실감 나게 보고 있으니

별이야말로 시간 여행을 가능하게 해 주는 타임머신인 셈입니다.

안드로메다은하

명왕성은 왜 태양계 행성이 아닐까?

태양계의 행성은 태양에 가까운 순서로
'수성, 금성, 지구, 화성, 목성, 토성, 천왕성, 해왕성'입니다.
주로 맨 앞글자만 따서 외우곤 하는데, 여러분의 부모님이 학교에 다닐 때에는
'수, 금, 지, 화, 목, 토, 천, 해, 명'이라고 배웠습니다.
2006년 이전에는 해왕성보다 먼 곳에 있는 명왕성도 태양계의 가족이었답니다.
그런데 명왕성이 대체 무슨 사고를 쳤길래 가족 명단에서 빠졌을까요?
명왕성은 1930년에 미국의 젊은 천문학자 클라이드 톰보가 발견했습니다.
다른 행성은 모두 유럽에서 발견되었는데 유독 명왕성만 미국에서 발견되었기 때문에,
미국 사람들은 명왕성에 각별한 애정을 쏟았지요.
유명한 만화 영화 주인공인 미키 마우스가 키우는 개의 이름을 '플루토'라고 지은 것도,
명왕성의 영어 이름이 Pluto였기 때문입니다.
그런데 1992년에 명왕성보다 더 먼 곳에서 에리스와 카론 등
명왕성과 비슷한 행성이 여러 개 발견되었습니다.
이들의 특징은 크기가 아주 작으면서 공전 궤도가 삐딱하다는 것이었지요.

수성부터 천왕성까지는 공전 궤도가 거의 같은 평면에 나란히 놓여 있는데,
명왕성의 궤도는 여기서 크게 벗어나 있답니다.

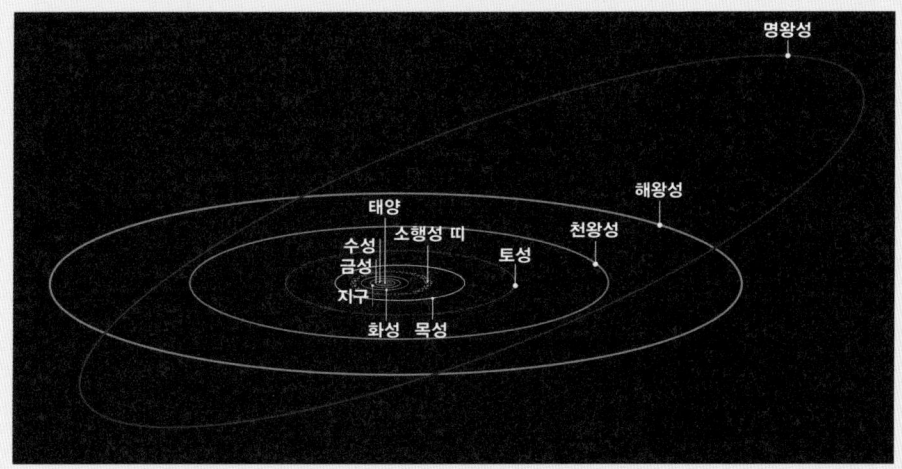

이 사실이 알려지자 일부 천문학자들은 새로운 주장을 펼치기 시작했습니다.
명왕성이 행성이면 그 근처에 있는 작은 천체들도 모두 행성으로 분류해야 하고,
그러면 행성의 수가 너무 많아진다는 것이었지요.
그래서 천문학자들은 2006년에 한자리에 모여서 투표를 한 끝에
명왕성을 태양계 행성 목록에서 빼기로 결정했습니다.
그 후 명왕성에게 새로 붙여 준 이름은 '왜소행성 134340 Pluto'입니다.
하지만 지금도 많은 천문학자들이 명왕성을 여전히 태양계의 식구로
생각하고 있습니다. 물론 그들 중 대부분이 미국 사람이지만요.
지금쯤 명왕성은 이런 생각을 하고 있을 것 같네요.
"지구인들, 정말 시끄럽네. 난 명왕성도 아니고, 왜소행성도 아냐.
그냥 45억 년 전부터 이 자리를 지켜 온 외로운 천체일 뿐이라고!"

글 박병철

연세대학교 물리학과를 졸업하고 한국과학기술원(KAIST)에서 이론물리학 박사 학위를 받았습니다. 30년 가까이 대학에서 학생들을 가르쳤으며 지금은 집필과 번역에 전념하고 있습니다. 어린이 과학동화 《별이 된 라이카》, 《생쥐들의 뉴턴 사수 작전》, 《외계인 에어로, 비행기를 만들다!》를 썼습니다. 2005년 제46회 한국출판문화상, 2016년 제34회 한국과학기술도서상 번역상을 수상했으며, 옮긴 책으로는 《프린키피아》, 《페르마의 마지막 정리》, 《파인만의 물리학 강의》, 《평행우주》, 《신의 입자》, 《슈뢰딩거의 고양이를 찾아서》 등 100여 권이 있습니다.

그림 이주미

시각 디자인을 전공하고 현재 일러스트레이터이자 그림책 작가로 활동하고 있습니다. 2013년 나미 콩쿠르, 2014년 앤서니브라운 그림책 공모전, 2015년 한국안데르센상 출판 미술 부문에서 수상했습니다. 쓰고 그린 책으로 《네가 크면 말이야》, 《숲》, 《옳은손 길들이기》, 《밥밥밥》이 있고, 《외뿔고래의 슬픈 노래》, 《바나나 가족》, 《돌아갈 수 있을까?》 등 여러 책에 그림을 그렸습니다.

나의 첫 과학책 11 — 빅뱅

1판 1쇄 발행일 2023년 6월 26일

글 박병철 | **그림** 이주미 | **발행인** 김학원 | **편집** 이주은 | **디자인** 기하늘
저자·독자 서비스 humanist@humanistbooks.com | **용지** 화인페이퍼 | **인쇄** 삼조인쇄 | **제본** 다인바인텍
발행처 휴먼어린이 | **출판등록** 제313-2006-000161호(2006년 7월 31일) | **주소** (03991) 서울시 마포구 동교로23길 76(연남동)
전화 02-335-4422 | **팩스** 02-334-3427 | **홈페이지** www.humanistbooks.com
사진 출처 명왕성 궤도 ⓒ Arabik4892 / Wikimedia Commons / CC BY-SA 4.0

글 ⓒ 박병철, 2023 그림 ⓒ 이주미, 2023
ISBN 978-89-6591-511-9 74400
ISBN 978-89-6591-456-3 74400(세트)

- 이 책은 저작권법에 따라 보호받는 저작물이므로 무단 전재와 무단 복제를 금합니다.
- 이 책의 전부 또는 일부를 이용하려면 반드시 저작권자와 휴먼어린이 출판사의 동의를 받아야 합니다.
- **사용연령 6세 이상** 종이에 베이거나 긁히지 않도록 조심하세요. 책 모서리가 날카로우니 던지거나 떨어뜨리지 마세요.